走 进 中 国 民 居

北京的四合院

刘文文 著　梁灵惠 绘

U0163415

電子工業出版社·
Publishing House of Electronics Industry
北京·BEIJING

　　700多年前,元朝在北京地区修建元大都,"大都"就是宏大之都的意思。从那时起,北京成为全国的首都。经过明代和清代,北京成为世界上规模最大的古都之一。

4

　　四合院是北京人的家。东、西、南、北四面都有房屋，房屋和院墙合围在一起，中间有院子——这样的传统院落便称为四合院。明清时期的北京城里有无数大大小小的四合院，站在高处放眼望去，整座城市就是一重挨一重的院落，一片接一片的屋顶。

北京城曾经有几千条胡同。胡同就是
很窄的街巷，它们纵横交错地把城市划分
成棋盘一般的方块，四合院就分布在这些
大大小小的方块之中。

6

胡同里安静而祥和，街坊邻居在胡同
里碰见会彼此问候，儿童三五做伴在树下
玩耍，小贩穿过一条又一条的胡同，吆喝
叫卖。

北京四合院是很有特点的。四面的房
屋围在一起，中间的院子敞亮开阔。北京
晴天多，风沙大，这样的院子便于采光、
防风和保暖。

四合院的大门等级分明。普通四合院
的大门多在东南角。从风水上来说，东南
是吉位，大门设在这个方位，寓示着出入
平安。最气派的是王府大门。大门开在正
中央，门口蹲守着威风凛凛的石狮子。

推开大门正对上影壁，这是一面装饰精美的墙。外人进了四合院，先被这高大的影壁挡住视线，看不到里边的情景，显得宅院十分气派，也更具私密性。

　　转过影壁到了前院。前院靠南的一排屋子叫作倒座，背身临街，开门朝北，一般当作门房。前院狭长，越往里越安静，最里头的倒座房常常被当作书房，多朝前院开窗户，窗前种些花木，是读书的好地方。

从前院往里走，要穿过一座异常精美的
小门楼，这就是垂花门。

门头下有一对短柱，两个柱头呈莲花或绣球的形状，很像一对含
苞待放的花蕾倒垂在空中，所以叫作垂花门。

　　小小的垂花门装饰着金粉彩画，把四合院分成内、外两个院落。从前内外有别，女眷平时在内院活动，轻易不出门。"大门不出，二门不迈"里的"二门"说的就是这垂花门。

垂花门往里便是内院，是全家主要的生活场所。正面三间或五间大北屋是正房，一般是家中长辈居住的地方；东、西两边是厢房，是家中晚辈的住处。大一些的四合院，正房后边还有安静的后院，家里的女孩儿住在后院的后罩房里。

四合院最讲规矩，这里的生活跟房子一样，
安排得四平八稳，秩序井然。

四合院的大小变化无穷。前后方向的院子个数叫"进"，一进一进院子纵向连起来，可以从普通门户演变成王府大院。

据说，清朝的大贪官和珅的宅子，仅正房一路就有十三进，前前后后四五百米长，令人惊叹。

四合院不但能拉长，还能左右并联。左右方向的院子个数叫"跨"，有的大四合院几跨院子并列，中间有长长的夹道。

　　庭院是四合院里十分重要的空间，人们在庭院里晾衣晒被，养花种草，小坐休息。院子里铺着十字甬路，被甬路分开的四隅种着各种花木，如海棠、丁香、石榴、榆叶梅、夹竹桃等，春夏之际，红白烂漫，摇曳生姿。

　　游廊是庭院里的一道景致，连接各处的房屋，可以穿廊通行。廊身开敞，檐下挂着装饰的楣子，颜色多是红绿相间，十分鲜艳好看。廊柱下方还有坐凳板，也可以小坐休息。

春日迟迟，孩子们站在院子里仰望天空中盘旋的鸽群；

夏日长静，人们在院子里搭起天棚遮阴乘凉；

秋天花果满枝，孩子们灵活地在阶下抖空竹，声声入耳；

冬天雪花飞舞，墙外的零食小贩走街串巷，胡同里传来叫卖声声。

　　修建一座四合院，第一步就是打基础。把
地面挖开，填土敲打结实，这叫打夯。房子要
坚固，基础必须牢靠，所以打夯非常重要。
还有专门的歌谣为打夯加油鼓劲：

　　"一步土哇，嘿哟，
　　两步土哇，嘿哟，
　　步步登高府哇，嘿哟。
　　打好夯呀，嘿哟，
　　盖好房呀，嘿哟，
　　房房俱出状元郎。"

打好基础以后就该叠梁架屋，砌墙盖瓦了。四合院的房屋主体是木结构，竖立的柱子和水平的大梁好比人的骨架，四面的砖墙和上面的屋盖好比人的肌肉。

四合院的工地繁忙而热闹，煮石灰、和泥、垒墙、抹房顶、铺瓦片……样样马虎不得。

铺瓦片的时候，一人在地面上抛出瓦片，另一人在屋顶上正好接住，配合默契，这叫"飞瓦"。运送灰泥也很有趣：拿一块厚实的土布，兜满灰泥，土布四角绑上绳子，吊送到屋顶上去。

　　房屋主体完工，接着要装门窗，糊顶棚，粉四壁，这都是十分细致的工作。门窗是预先制作好的，逐一安装上去。

　　四合院的建造重视装饰，木头、砖瓦和石头，各种材料都要雕刻花纹，油漆彩饰，一点儿也不含糊。

普通门户也有齐整的屋舍，小小的院落；门户之内各成天地，又与自然息息相通——晓来风，夜来雨，晚来烟，也就有了关于北京的特别的诗意与乡愁。

普通的小四合院多是三间正房。当堂明间设雅致的条案，桌上摆着时令花果，四下里青砖墁地。屋顶不露橼子，旧时是纸糊的顶棚，后来是抹石灰的灰顶，一样平直光滑，十分整齐。

　　进门左手是西次间，常与明间相连，或以精致的花罩虚隔，陈设桌椅沙发，接待来客。东边是暗间，隔扇门跟明间分隔开，做卧室或书房。

　　岁月不居，时光荏苒，北京城里的四合院也历经沧桑。方方正正的院落、大大小小的胡同、鳞次栉比的屋顶，四合院承载了古都北京的城市记忆，让历经千年的北京始终保有独特的风韵与深邃的意境。

最新版的《北京城市总体规划（2016 年—2035 年）》已经明确提出，老城内不再拆除胡同与四合院，要保护好现存的 1000 多条胡同。房屋做修缮，胡同做美化，街道做提升。期待城市的管理者、专业的设计师，与四合院的居民一起，为老北京的四合院谱写出新的城市故事。

图书在版编目（CIP）数据

走进中国民居. 北京的四合院 / 刘文文著；梁灵惠绘. -- 北京：电子工业出版社，2023.1

ISBN 978-7-121-44605-4

Ⅰ. ①走… Ⅱ. ①刘… ②梁… Ⅲ. ①北京四合院－少儿读物 Ⅳ. ①TU241.5-49

中国版本图书馆CIP数据核字（2022）第226506号

责任编辑：朱思霖

印　　刷：北京瑞禾彩色印刷有限公司

装　　订：北京瑞禾彩色印刷有限公司

出版发行：电子工业出版社
　　　　　北京市海淀区万寿路173信箱　邮编：100036

开　　本：889×1194　1/16　印张：18　字数：46.2千字

版　　次：2023年1月第1版

印　　次：2023年4月第2次印刷

定　　价：168.00元（全6册）

凡所购买电子工业出版社图书有缺损问题，请向购买书店调换。若书店售缺，请与本社发行部联系，联系及邮购电话：（010）88254888，88258888。

质量投诉请发邮件至zlts@phei.com.cn，盗版侵权举报请发邮件至dbqq@phei.com.cn。

本书咨询联系方式：（010）88254161转1859，zhusl@phei.com.cn。